Studienbücher für medizinische Berufe

Anatomie – Zeichenblätter

Lösungsheft

– Deutsch und Fachbezeichnung –

lau verlag

Anatomie-Zeichenblätter – Lösungsheft
8. überarbeitete Auflage

ISBN 3-928537-01-6

Verlag für Medizin und Technik

Printed in Germany
Gedruckt auf chlorfrei gebleichtem Papier

Vorwort

Das Lösungsheft ist eine unverzichtbare Ergänzung der Anatomie-Zeichenblätter. Die systematische Gliederung ermöglicht es binnen kurzer Zeit, jede anatomische Einzelheit dem medizinischen Fachbegriff in lateinischer bzw. deutscher Sprache zuzuordnen. Zusätzliche Erläuterungen einzelner Fachbegriffe runden die Überprüfung des erarbeiteten Wissens ab.

Diese Übung ist sowohl im Unterricht wie auch im Selbststudium möglich, da die einzelnen Kapitel im Buch der Anatomie-Zeichenblätter mit dem Lösungsheft aufeinander abgestimmt sind.

Mit weit über 1.000 Stichwörtern und Erläuterungen eignet es sich ausserdem hervorragend, das Wissen um die medizinischen Fachausdrücke in lateinischer und deutscher Sprache zu vertiefen.

Reinbek, April 1999

Abkürzungen

Folgende gebräuchlichen Abkürzungen wurden verwendet:

Abkürzung	Fachbezeichnung	deutsche Bezeichnung
A.	Arteria	Arterie
Aa.	Arteriae	Arterien
N.	Nervus	Nerv
Nn.	Nervi	Nerven
V.	Vena	Vene
Vv.	Venae	Venen

Inhaltsverzeichnis

Inhaltsverzeichnis

Seite 6	Zelle und Formen der Zellteilung

Abb. 1: Zelle (Cella)

Nr.	deutsche Bezeichnung	Fachbezeichnung
1	Zellkern	Nucleus
2	mit spezifischen Farbstoffen anfärbbare Substanz im Kernplasma	Chromatin
3	Kernkörperchen	Nucleolus
4	Plasma des Zellkerns	Karyoplasma
5	Kernmembran mit Poren	Nucleolemma mit Poren
6	Zellmembran	Plasmalemma
7	Zentralkörperchen	Zentriol
8	im Plasma der Zelle gelegenes kleines Netz	Endoplasmatisches Retikulum
9	RNA-reiche Partikel	Ribosomen
10	Mitochondrien	Mitochondrien
11	Golgi-Apparat	Golgi-Apparat
12	Lysosomen	Lysosomen

Abb. 2 – 7: Mitose (indirekte Zellteilung)
Abb. 8: Meiose (Reduktionsteilung)

Erläuterungen

Mitochondrien

Etwa bakteriengroße (1 – 5 µm lang), ovale, lipoidreiche Zellorganellen der Eukaryonten, die von einer Doppelmembran umgeben sind; die innere Membran ist zur Oberflächenvergrößerung kammähnlich (Cristae) oder röhrenförmig (Tubuli) eingefaltet. Mitochondrien sind meist in der Nähe von Energiequellen (z. B. Fettvakuolen) oder ATP-bedürftigen Zellstrukturen lokalisiert und enthalten die Enzyme der Atmungskette. Mitochondrien dienen der Energiegewinnung.

Golgi- Apparat

Sog. Binnennetz; Zellorganelle (meist nahe dem Zellkern), bestehend aus mehreren hintereinander gelagerten konvex-konkav zusammengefalteten Doppelmembransäckchen, die z. T. zu Vesikeln oder Vakuolen erweitert sind.

Funktion: Kondensation und Umhüllung von Sekreten, die als Granula abgegeben werden; Regeneration von Zellmembran.

Lysosomen
Im Golgi-Apparat gebildete, Hydrolasen enthaltende Zellorganellen.
Funktion: intrazellulärer Abbau von organischen Substanzen, die von der Zelle durch Pinozytose und Phagozytose aufgenommen wurden (z. B. Glykogen, Lipide), bzw. Abbau von Zellmaterial.

Seite 8 | **Epithelgewebe**

Abb. 9: Einschichtiges Plattenepithel
Abb. 10: Einschichtiges isoprismatisches Epithel
Abb. 11: Einschichtiges hochprismatisches Epithel mit Mikrovilli
Abb. 12: Einschichtiges hochprismatisches Epithel mit Mikrovilli (räumliche Darstellung)
Abb. 13: Mehrreihiges Flimmerepithel
Abb. 14: Urothel (ungedehnt und gedehnt)
Abb. 15: Mehrschichtiges unverhomtes Plattenepithel

Seite 10 | **Drüsengewebe**

Abb. 16: Exokrine Drüse (Drüse mit äußerer Sekretion)
1 – Blutkapillaren
2 – Drüsenzellen
3 – Ausführungsgang
Abb. 17: Tubuläre Drüse (schlauchförmige Drüse)
Abb. 18: Alveoläre Drüse (bläschenförmige Drüse)
Abb. 19: Tubulo-alveoläre Drüse (schlauch- und bläschenförmige Drüse)
Abb. 20: Exokrine seröse (dünnflüssiges Sekret) Drüse (Querschnitt)
Abb. 21: Exokrine muköse (schleimiges Sekret) Drüse (Querschnitt)
Abb. 22: Exokrine Drüse mit serösem und mukösem Sekret (gemischte Drüse im Querschnitt)
Abb. 23: Endokrine Drüse (Hormondrüse mit innerer Sekretion)
Abb. 24: Endokrine Drüse (Hormondrüse mit innerer Sekretion)

Seite 12 | **Binde- und Stützgewebe, Muskelgewebe**

Abb. 25: Mesenchym (embryonales Bindegewebe)
1 – Mesenchymzelle (embryonale Bindegewebszelle)

Abb. 26: Skelettmuskulatur

Abb. 27: Skelettmuskulatur, Struktur einer Muskelfaser
1 – Myofibrillen
2 – Myosinfilamente
3 – Aktinfilamente

Abb. 28: Herzmuskulatur
1 – Glanzstreifen

Abb. 29: Glatte Muskulatur

Abb. 30: Fettgewebe
1 – Fettzelle
2 – Gitterfasern

Abb. 31: Lockeres Bindegewebe
1 – Fibrozyten (Bindegewebszellen)
2 – Kollagene Fasern
3 – Elastische Fasern

Abb. 32: Knochengewebe
1 – Osteozyt (Knochenzelle)
2 – Knochenlamellen

Abb. 33: Hyaliner Knorpel
1 – Chondrozyt (Knorpelzelle)
2 – Grundsubstanz

Abb. 34: Elastischer Knorpel
1 – Chondrozyt (Knorpelzelle)
2 – Grundsubstanz mit elastischen Fasern

Abb. 35: Faserknorpel
1 – Chondrozyt (Knorpelzelle)
2 – Grundsubstanz mit kollagenen Fasern

Abb. 36: Straffes Bindegewebe (kollagene Fasern gespannt)

Abb. 37: Straffes Bindegewebe (kollagene Fasern entspannt)

Abb. 38: Elastisches Bindegewebe (Venenwand)

Abb. 39: Elastisches Bindegewebe (Arterienwand)

Abb. 40: Retikuläres Bindegewebe
1 – Retikulumzelle
2– Lymphozyt (eine besondere Form der weißen Blutkörperchen)

Zytologie und Histologie

Seite 14	**Nervengewebe**

Abb. 41: Neuron (multipolare Nervenzelle)

Nr.	deutsche Bezeichnung	Fachbezeichnung
1	Substanz um den Zellkern	Perikaryon
2	Zellkern	Nucleus
3	Nissl-Schollen	Nissl-Schollen
4	Nervenzellbaum	Dendriten
5	Nervenfaser	Neurit/Axon
6	Markscheide	Stratum myelini / Markscheide
7	Ranvierscher Schnürring	Ranvierscher Schnürring
8	markscheidenfreie Endverzweigung	Telodendron
9	Zellmembran	Plasmalemma

Abb. 42: Unipolare Nervenzelle (Nervenzelle mit einem Fortsatz)
Abb. 43: Bipolare Nervenzelle (Nervenzelle mit zwei Fortsätzen)
Abb. 44: Pseudounipolare Nervenzelle
(Nervenzelle mit scheinbar nur einem Fortsatz)

Erläuterungen

Nissl-Schollen
Basophile Schollen in Nervenzellen mit hohem Gehalt an Ribonukleinsäure; ultrastrukturell entsprechen sie dem endoplasmatischen Retikulum.

Ranvier-Schnürringe
In regelmäßigen Abständen vorkommende ringförmige Einschnürungen der Myelinscheide markhaltiger Nervenfasern; dienen der saltatorischen Erregungsleitung.

Seite 16 | Knochenstruktur und Gelenkaufbau

Abb. 1: Osteozyten (Knochenzellen)
Abb. 2: Knochengewebe (Lamellenknochen)
Abb. 3: Röhrenknochen (Os femoris, Oberschenkel / Oberschenkelbein)
Abb. 4: Synoviales Gelenk (Gelenk mit Gelenkkapsel und Gelenkschmiere – Kniegelenk)

Nr.	deutsche Bezeichnung	Fachbezeichnung
1	Blutgefäßkanäle	Havers- u. Volkmannscher Kanal
1/1	Schaltlamellen	Schaltlamellen
2	schwammartige Substanz	Substantia spongiosa
3	kompakte Knochensubstanz	Substantia compacta
4	Knochenhaut	Periost
5	Epiphysenlinie	Epiphysenlinie
6	körpernaher Endkörper	proximale Epiphyse
7	Mittelstück mit Markhöhle	Diaphyse mit Cavitas medullaris
8	körperferner Endkörper	distale Epiphyse
9	vierköpfiger Oberschenkelmuskel	M. quadriceps femoris
10	Gelenkknorpel	Cartilago articularis
11	Kniescheibe	Patella
12	Gelenkkapsel	Capsula articularis
13	Gelenkhöhle mit Gelenkschmiere	Cavitas articularis mit Synovia
14	scheiben- oder ringförmiger Zwischenknorpel	Meniscus
15	Schleimbeutel	Bursa synovialis
16	Innenschicht der Gelenkkapsel	Membrana synovialis

ERLÄUTERUNGEN

Schaltlamellen
(Lat. lamella Plättchen) zwischen Osteonen gelegene Knochenlamelle.

Havers-Kanäle
Den Knochen in Längsrichtung durchlaufende Gefäßkanälchen, die von konzentrischen Knochenlamellen umgeben sind.

Bewegungssystem

Volkmann-Kanäle
Das Knochengewebe in querer oder schräger Richtung durchsetzende Gefäßkanälchen, münden in die Havers-Kanäle und verbinden diese untereinander.

Seite 18	Muskellehre, Synapse

Abb. 5: Myofibrillen (kontraktile Elemente im Sarkoplasma der Muskelzellen)
Abb. 6: Muskelfasern
Abb. 7: Skelettmuskel
Abb. 8: Motorische Einheit (motorisches Neuron und die von ihm innervierten Muskelfasern)
Abb. 9: Motorische Endplatte (neuromusculäre Synapse)

Nr.	deutsche Bezeichnung	Fachbezeichnung
1	Myofibrillen / kontraktile Elemente im Sarkoplasma der Muskelzellen	Myofibrillae
2	Muskelfasern mit innerer Hülle	Muskelfasern mit Endomysium
3	Primärbündel mit Hülle	Primärbündel mit Hülle (Perimysium internum)
4	Sekundärbündel mit Hülle	Sekundärbündel mit Hülle (Perimysium externum)
5	Muskelbinde	Fascie / Epimysium
6	Sehne	Tendo
7	Markscheide	Myelinscheide / Stratum myelini
8	markscheidenfreie Endverzweigung	Telodendron
9	Zellkern	Nucleus
10	Nervenfaser	Axon
11	Synapsenbläschen mit Überträgerstoff	Vesikel / Vesicula presynaptica mit Transmitter
12	Endigungsbereich einer Nervenfaser	Präsynaptische Membran
13	Kontaktbereich zwischen Nerven- und Muskelfaser	Synapsenspalt / Fissura synaptica

Nr.	deutsche Bezeichnung	Fachbezeichnung
14	Endigungsbereich einer Nervenfaser auf der Muskelfaser	Postsynaptische Membran
15	kleinste Blutgefäße	Kapillaren
16	Myosinfilament	Myosinfilament
17	Aktinfilament	Aktinfilament

Seite 20 | **Wirbelsäule**

Abb. 10: Columna vertebralis (Wirbelsäule)
Abb. 11: Atlas (Träger)
Abb. 12: Axis (Dreher)
Abb. 13: Verbindung zwischen Atlas und Axis
Abb. 14: Brustwirbel- Seitenansicht (Vertebra thoracica, lateral gesehen)
Abb. 15: Brustwirbel- Draufsicht (Vertebra thoracica, kranial gesehen)
Abb. 16: Verbindung zweier Lendenwirbel (Verbindung zweier Vertebrae lumbales)
Abb. 17: Verbindung zweier Lendenwirbel (Vertebrae lumbales) im Medianschnitt

Nr.	deutsche Bezeichnung	Fachbezeichnung
1	Halswirbel	Vertebrae cervicales
2	Brustwirbel	Vertebrae thoracicae
3	Lendenwirbel	Vertebrae lumbales
4	Kreuz(bein)wirbel	Vertebrae sacrales
5	Steiß(bein)wirbel	Vertebrae coccygeae
6	Halskrümmung nach vorn	Halslordose
7	Brustkrümmung nach hinten	Brustkyphose
8	Lendenkrümmung nach vorn	Lendenlordose
9	Vorgebirge	Promontorium
10	vorderer Bogen des 1. Halswirbels	Arcus anterior
11	hinterer Bogen des 1. Halswirbels	Arcus posterior
12	Querfortsatzloch	Foramen transversarium
13	obere Gelenkfläche des 1. Halswirbels	Fovea articularis superior

Nr.	deutsche Bezeichnung	Fachbezeichnung
14	Zahnfortsatz des 2. Halswirbels	Dens axis
15	Halteband des 1. Halswirbels	Ligamentum transversum atlantis
16	Wirbelkörper	Corpus vertebrae
17	Wirbelbogen	Arcus vertebrae
18	Wirbelloch	Foramen vertebrale
19	Querfortsatz	Processus transversus
20	Dornfortsatz	Processus spinosus
21	oberer Gelenkfortsatz	Processus articularis superior
22	unterer Gelenkfortsatz	Processus articularis inferior
23	untere Rippenpfanne	Fovea costalis inferior
24	quere Rippenpfanne	Fovea costalis transversalis
25	Zwischenwirbelscheibe	Discus intervertebralis
26	Gallertkern	Nucleus pulposus
27	Zwischenwirbelloch	Foramen intervertebrale
28	Wirbelkanal	Canalis vertebralis
29	Zwischenwirbelgelenk	Articulatio intervertebralis

Erläuterungen

Atlas
1. Halswirbel. – Atlas: griechischer Heros, der die Säulen des Himmels trug.

Axis
2. zweiter Halswirbel, 1. Achse, er gibt die ruhende Achse an, um welche sich der 1. Halswirbel dreht. – Axon (griech.): Wagenachse, Himmelsachse

Seite 22 | Brustkorb

Abb. 18: Brustkorb von vorn (Thorax ventral)

Abb. 19: Brustkorb von hinten (Thorax von dorsal)

Abb. 20: Brustkorb von vorn mit Zwerchfell (Thorax ventral mit Diaphragma)

Abb. 21: Zwischenrippenräume (Interkostalräume)

Nr.	deutsche Bezeichnung	Fachbezeichnung
1	Brustbeinhandgriff	Manubrium sterni
2	Brustbeinwinkel	Angulus sterni
3	Brustbeinkörper	Corpus sterni
4	Schwertfortsatz	Processus xiphoideus
5	Rippen	Costae
6	Rippenknorpel	Cartilago costalis
7	Rippenbogen	Arcus costalis
8	11. Rippe	Costa XI
9	12. Rippe	Costa XII
10	Rippenwirbelgelenk	Articulatio costotransversaria
11	äußere Zwischenrippenmuskeln	Mm. intercostales externi
12	innere Zwischenrippenmuskeln	Mm. intercostales interni
13	Brustwirbel	Vertebrae thoracicae
14	Zwerchfell	Diaphragma

Seite 24 — Schultergürtel und obere Extremität

Abb. 22: Obere Extremität und Schultergürtel von vorn (ventral)
Abb. 23: Obere Extremität und Schulterblatt (Scapula) von hinten (dorsal)
Abb. 24: Auswärtsdrehung (Supination)
Abb. 25: Einwärtsdrehung (Pronation)

Nr.	deutsche Bezeichnung	Fachbezeichnung
1	Schlüsselbeinkörper	Corpus claviculae
2	Brustbeinende	Extremitas sternalis
3	Schulterblattende	Extremitas acromialis
4	Rippenfläche des Schulterblatts	Facies costalis scapulae
5	Brustbein	Sternum
6	Rabenschnabelfortsatz	Processus coracoideus
7	Schulterhöhe	Acromion
8	Schultergelenkpfanne	Cavitas glenoidalis
9	Oberarmkopf	Caput humeri

Bewegungssystem

Nr.	deutsche Bezeichnung	Fachbezeichnung
10	anatomischer Hals	Collum anatomicum
11	chirurgischer Hals	Collum chirurgicum
12	Schaft des Oberarmbeins	Corpus humeri
13	Oberarmköpfchen	Capitulum humeri
14	Oberarmrolle	Trochlea humeri
15	äußerer Obergelenkknorren	Epicondylus lateralis
16	innerer Obergelenkknorren	Epicondylus medialis
17	Speichenkopf	Caput radii
18	Speichenschaft	Corpus radii
19	Handwurzelgelenkfläche	Facies articularis carpea
20	Griffelfortsatz an der Speiche	Processus styloideus radii
21	Ellenbogen	Olecranon
22	Ellenschaft	Corpus ulnae
23	Ellenkopf	Caput ulnae
24	Griffelfortsatz an der Elle	Processus styloideus ulnae
25	Handwurzel/Handwurzelknochen	Carpus/Ossa carpi
26	Mittelhand/Mittelhandknochen	Metacarpus/Ossa metacarpi
27	Fingerglieder/Fingerknochen	Phalanges/Ossa digitorum
28	Schulterblattgräte	Spina scapulae
29	obere Schulterblattgrube	Fossa supraspinata
30	untere Schulterblattgrube	Fossa infraspinata
31	hintere Schulterblattfläche	Facies dorsalis scapulae

Seite 26 | **Muskeln der oberen Extremität**

Abb. 26: Muskeln der rechten oberen Extremität und Brustmuskeln
Abb. 27: Muskeln der rechten oberen Extremität und Rückenmuskeln
Abb. 28: Heranführen des rechten Armes (Adduktion)
Abb. 29: Abführen des rechten Armes (Abduktion)
Abb. 30: Heranführen des rechten Armes (Adduktion)
Abb. 31: Strecken des rechten Armes (Extension)
Abb. 32: Beugen des rechten Armes (Flexion)
Abb. 33: Auswärtsdrehung (Supination)

Abb. 34: Einwärtsdrehung (Pronation)

Nr.	deutsche Bezeichnung	Fachbezeichnung
1	Deltamuskel	M. deltoideus
2	zweiköpfiger Oberarmmuskel	M. biceps brachii
3	Beugemuskeln des Unterarms	Flexoren des Unterarms
4	großer Brustmuskel	M. pectoralis major
5	vorderer Sägemuskel	M. serratus anterior
6	Halteband der Beugersehnen	Retinaculum flexorum
7	Trapezmuskel/Kapuzenmuskel	M. trapezius
8	dreiköpfiger Armstrecker	M. triceps brachii
9	breiter Rückenmuskel	M. latissimus dorsi
10	Strecker des Unterarms	Extensoren des Unterarms

Seite 28 | **Beckenaufbau und Durchmesser**

Abb. 35: Hüftbein (Os coxae)
Abb. 36: weibliches Becken (Pelvis feminina)
Abb. 37: Beckenmaße
Abb. 38: Beckenmaße
Abb. 39: Beckenmaße

Nr.	deutsche Bezeichnung	Fachbezeichnung
1	Darmbeinkörper	Corpus ossis ilii
2	Darmbeinschaufel	Ala ossis ilii
3	Darmbeinkamm	Crista iliaca
4	vorderer oberer Darmbeinstachel	Spina iliaca anterior superior
5	vorderer unterer Darmbeinstachel	Spina iliaca anterior inferior
6	hinterer oberer Darmbeinstachel	Spina iliaca posterior superior
7	hinterer unterer Darmbeinstachel	Spina iliaca posterior inferior
8	unterer Schambeinast	Ramus inferior ossis pubis
9	oberer Schambeinast	Ramus superior ossis pubis
10	Schambeinfugenfläche	Facies symphysialis
11	Sitzbeinkörper	Corpus ossis ischii
12	Sitzbeinstachel	Spina ischiadicum

Bewegungssystem

Nr.	deutsche Bezeichnung	Fachbezeichnung
13	Sitzbeinhöcker	Tuber ischiadicum
14	Sitzbeinast	Ramus ossis ischii
15	großer Sitzbeineinschnitt	Incisura ischiadica major
16	kleiner Sitzbeineinschnitt	Incisura ischiadica minor
17	Hüftgelenkpfanne	Acetabulum
18	Hüftloch/verstopftes Loch	Foramen obturatum
19	Kreuzbein	Os sacrum
20	Steißbein	Os coccygis
21	Schambeinfuge	Symphysis pubica
22	Kreuzbein-Darmbein-Gelenk	Articulatio sacroiliaca
23	Beckendurchmesser vom oberen Symphysenrand zum Promontorium	Conjugata vera anatomica
24	Beckendurchmesser vom Promontorium zur Hinterfläche der Schambeinfuge	Conjugata vera obstetrica
25	querer Beckendurchmesser	Diameter transversa
26	1. schräger Beckendurchmesser	Diameter obliqua 1
27	2. schräger Beckendurchmesser	Diameter obliqua 2
28	Durchmesser zwischen den beiden vorderen oberen Darmbeinstacheln	Distantia spinarum
29	Durchmesser zwischen den beiden Darmbeinkämmen	Distantia cristarum
30	Rollhügeldurchmesser	Distantia trochanterica
31	Durchmesser zwischen 5. Lendenwirbelfortsatz und Symphysenoberrand	Conjugata externa
32	gerader Durchmesser des Beckenausgangs	gerader Durchmesser des Beckenausgangs

Seite 30 | Beckenmuskulatur und Beckenboden

Abb. 40: Becken, Längsschnitt (Pelvis Medianschnitt)
Abb. 41: männliches Becken (Pelvis männlich)
Abb. 42: Becken von hinten (Pelvis dorsal)
Abb. 43: Beckenboden weiblich
Abb. 44: Becken von vorn (Pelvis ventral)
Abb. 45: Beckenboden männlich

Nr.	deutsche Bezeichnung	Fachbezeichnung
1	Vorgebirge	Promontorium
2	Trennlinie zwischen großem und kleinem Becken	Linea terminalis
3	großes Becken	Pelvis major
4	kleines Becken	Pelvis minor
5	großer Gesäßmuskel	M. glutaeus maximus
6	mittlerer Gesäßmuskel	M. glutaeus medius
7	Urogenitalzwerchfell	Diaphragma urogenitale
8	Darmbeinmuskel	M. iliacus
9	viereckiger Lendenmuskel	M. quadratus lumborum
10	großer Lendenmuskel	M. psoas major
11	äußere Harnröhrenöffnung	Ostium urethrae externum
12	Scheidenöffnung	Ostium vaginae
13	After	Anus
14	Damm	Perineum
15	Sitzbein-Schwellkörpermuskel	M. ischiocavernosus
16	Schwellkörpermuskel	M. bulbospongiosus
17	Leistenband	Ligamentum inguinale
18	Zwerchfell des Beckens	Diaphragma pelvis
19	Schwellkörper des Penis	Corpus spongiosum penis

Seite 32	Bauchmuskulatur

Abb. 46: Vordere Bauchwand
Abb. 47: Rektusscheide oberhalb des Nabels
Abb. 48: Rektusscheide unterhalb des Nabels
Abb. 49: Bauchwand und Leistenregion von innen
Abb. 50: Funktion der schrägen Bauchmuskeln (Funktion der Mm. obliqui)
Abb. 51/52: Funktion des geraden Bauchmuskels (Funktion des M. rectus abdominis)

Nr.	deutsche Bezeichnung	Fachbezeichnung
1	gerader Bauchmuskel	M. rectus abdominus
2	äußerer schräger Bauchmuskel	M. obliquus externus abdominis
3	innerer schräger Bauchmuskel	M. obliquus internus abdominis
4	querer Bauchmuskel	M. transversus abdominis
5	Faszie des queren Bauchmuskels	Fascia transversalis
6	Rektusscheide	Vagina musculi recti abdominis
7	äußerer Leistenring	Anulus inguinalis superficialis
8	Samenstrang	Funiculus spermaticus
9	Gefäßlücke unter dem Leistenband	Lacuna vasorum
10	Oberschenkelvene	V. femoralis
11	Oberschenkelarterie	A. femoralis
12	Oberschenkelnerv	N. femoralis
13	Muskellücke unter dem Leistenband	Lacuna musculorum
14	Darmbein-Lendenmuskel	M. iliopsoas
15	große Hautvene des Beins	V. saphena magna
16	wandständiges Blatt des Bauchfells	Peritoneum parietale
17	Leistenband	Ligamentum inguinale

Seite 34 | **Knochen der unteren Extremität**

Abb. 53: Rechte untere Extremität
Abb. 54: Vor- und Rückneigung des Rumpfes
Abb. 55/56: Fußskelett

Nr.	deutsche Bezeichnung	Fachbezeichnung
1	Oberschenkelkopf	Caput femoris
2	Oberschenkelhals	Collum femoris
3	großer Rollhügel	Trochanter major
4	kleiner Rollhügel	Trochanter minor
5	Schaft des Oberschenkelknochens	Corpus femoris
6	innerer Gelenkknorren/ innere Kniegelenkwalze	Condylus medialis femoris
7	äußerer Gelenkknorren/ äußere Kniegelenkwalze	Condylus lateralis femoris
8	innerer Obergelenkknorren	Epicondylus medialis femoris
9	äußerer Obergelenkknorren	Epicondylus lateralis femoris
10	Gelenkknorrengrube	Fossa intercondylaris
11	Kniekehlenfläche	Facies poplitea
12	Kniescheibe	Patella
13	innerer Gelenkknorren des Schienbeins	Condylus medialis tibiae
14	äußerer Gelenkknorren des Schienbeins	Condylus lateralis tibiae
15	Schienbeinkörper	Corpus tibiae
16	untere Schienbeingelenkfläche	Facies articularis inferior tibiae
17	mittlerer Knöchel	Malleolus medialis
18	Wadenbeinkopf	Caput fibulae
19	Wadenbeinkörper	Corpus fibulae
20	seitlicher (äußerer) Knöchel	Malleolus lateralis
21	Malleolengabel	Malleolengabel
22	Fußwurzel/Fußwurzelknochen	Tarsus/Ossa tarsi
23	Mittelfuß/Mittelfußknochen	Metatarsus/Ossa metatarsi
24	Zehen/Zehenknochen	Phalanges/Ossa digitorum pedis
25	Sprungbein	Talus

Nr.	deutsche Bezeichnung	Fachbezeichnung
26	Fersenbein	Calcaneus
27	Kahnbein	Os naviculare
28	Keilbeine	Ossa cuneiforine mediale, interinedium laterale
29	Würfelbein	Os cuboideum
30	Oberes Sprunggelenk	Articulatio talocruralis
31	Unteres Sprunggelenk	Articulatio talocalcaneonavicularis
32	Längsgewölbe des Fußes	Längsgewölbe des Fußes
33	Achillessehne	Tendo calcaneus
34	gerader Bauchmuskel	M. rectus abdominis
35	Wirbelsäulenaufrichter	M. erector spinae

Seite 36 **Muskeln der unteren Extremität**

Abb. 57/58: Muskeln der rechten unteren Extremität
Abb. 59: Beugen im Hüftgelenk
Abb. 60: Aufrichten aus der Sitzhaltung
Abb. 61: Aufrichten aus der Beugehaltung
Abb. 62: Schreitbewegung
Abb. 63: Senken des Fußes
Abb. 64: Heben des Fußes
Abb. 65: Funktion der Muskeln der rechten unteren Extremität

Nr.	deutsche Bezeichnung	Fachbezeichnung
1	Darmbein-Lendenmuskel	M. iliopsoas
1/1	großer Lendenmuskel	M. psoas major
1/2	Darmbeinmuskel	M. iliacus
2	vierköpfiger Schenkelstrecker	M. quadriceps femoris
2/1	innerer Oberschenkelmuskel	M. vastus medialis
2/2	äußerer Oberschenkelmuskel	M. vastus lateralis
2/3	gerader Oberschenkelmuskel	M. rectus femoris
3	Schneidermuskel	M. sartorius
4	heranführende Muskeln des Oberschenkels	Adduktoren des Oberschenkels

Nr.	deutsche Bezeichnung	Fachbezeichnung
5	Streckmuskeln des Unterschenkels	Extensoren des Unterschenkels
6	Beugemuskeln des Unterschenkels	Flexsoren des Unterschenkels
7	bindegewebige Haltebänder/ Bindegewebezüge	Retinacula
8	großer Gesäßmuskel	M. gluteus maximus
9	mittlerer Gesäßmuskel	M. gluteus medius
10	Beugemuskeln des Oberschenkels	Flexoren
11	Wadenmuskel	M. gastrocnemius
12	Achillessehne	Tendo calcaneus

Seite 38 Schädel

Abb. 66: Schädel (Cranium)
Abb. 67: Schädelbasis (Basis cranii)
Abb. 68: Knöcherner Gaumen mit Zahnfortsatz
Abb. 69: Neugeborenenschädel

Nr.	deutsche Bezeichnung	Fachbezeichnung
1	Stirnbein	Os frontale
2	Scheitelbein	Os parietale
3	Schläfenbein	Os temporale
3/1	Warzenfortsatz	Processus mastoideus
3/2	äußerer Gehörgang	Meatus acusticus externus
3/3	Griffelfortsatz	Processus styloideus
3/4	Felsenbeinabschnitt	Pars petrosa
4	Hinterhauptbein	Os occipitale
4/1	großes Hinterhauptloch	Foramen occipitale magnum
5	Keilbein	Os sphenoidale
5/1	Türkensattel	Sella turcica
6	Jochbein	Os zygomaticum
7	Nasenbein	Os nasale
8	Tränenbein	Os lacrimale
9	Augenhöhle	Orbita

Nr.	deutsche Bezeichnung	Fachbezeichnung
10	Oberkiefer	Maxilla
11	Unterkiefer	Mandibula
12/1	Siebbeinplatte	Lamina cribrosa ossis ethmoidalis
12/2	Hahnenkamm	Crista galli
13	vordere Schädelgrube	Fossa cranii anterior
14	mittlere Schädelgrube	Fossa cranii media
15	hintere Schädelgrube	Fossa cranii posterior
16	Gaumenbein	Os palatinum
17	Zahnfächer	Alveoli dentals
18	vordere Fontanelle	Fonticulus anterior
19	hintere Fontanelle	Fonticulus posterior
20	Kranznaht	Sutura coronalis
21	Pfeilnaht	Sutura sagittalis
22	Lambdanaht	Sutura lambdoidea

Seite 40 | **Mund-, Nasen- und Nasennebenhöhlen**

Abb. 70–73: Gesichtsschädel mit Nasennebenhöhlen

Nr.	deutsche Bezeichnung	Fachbezeichnung
1	Nasenhöhle	Cavitas nasi
2	Nasenscheidewand	Septum nasi
3	Siebbeinzellen	Labyrinthus ethmoidalis/ Cellulae ethmoidales
4	Augenhöhle	Orbita
5	Kieferhöhle	Sinus maxillaris
6	Stirnhöhle	Sinus frontalis
7	Hahnenkamm	Crista galli
8	Keilbeinhöhle	Sinus sphenoidalis
9	Knochenlamelle des Siebbeins	Lamina perpendicularis
10	Pflugscharbein	Vomer
11	harter Gaumen	Palatum durum
12	Mundhöhle	Cavitas oris

Nr.	deutsche Bezeichnung	Fachbezeichnung
13	obere Nasenmuschel	Concha nasalis superior
14	mittlere Nasenmuschel	Concha nasalis media
15	untere Nasenmuschel	Concha nasalis inferior

Seite 42 — Kau- und mimische Muskulatur

Abb. 74–77: Kaumuskulatur
Abb. 78–83: Mimische Muskulatur und Halsmuskulatur

Nr.	deutsche Bezeichnung	Fachbezeichnung
1	Schläfenmuskel	M. temporalis
2	Kaumuskel	M. masseter
3	zweibäuchiger Muskel	M. digastricus
4	ringförmiger Augenmuskel	M. orbicularis oculi
5	Kopfwendemuskel	M. sternocleidomastoideus
6	Mundringmuskel	M. orbicularis oris
7	Kehlkopf	Larynx
8	Luftröhre	Trachea
9	Treppenmuskeln	Mm. scaleni
10	Gefäß- und Nervenlücke	Hiatus scaleni

Atmungssystem

Seite 44	Nasenhöhle, Rachenraum und Kehlkopf

Abb. 1: Nasenhöhle, Rachenraum, Kehlkopf, Mundhöhle (Cavitas nasi, Pharynx, Larynx, Cavitas oris)

Abb. 2: Rachenraum von hinten (Pharynx dorsal)

Nr.	deutsche Bezeichnung	Fachbezeichnung
1	Nasenmuscheln	Conchae nasales
2	unterer, mittlerer, oberer Nasengang	Meatus nasalis inferior, medius, superior
3	Riechfelder	Regio olfactoria
4	Nasenrachenraum	Pars nasalis pharyngis/ Epipharynx
5	Mundrachenraum	Pars oralis pharyngis/ Mesopharynx
6	Unterrachenraum	Pars laryngea pharyngis/ Hypopharynx
7	Öffnung der Ohrtrompete	Ostium tubae auditivae
8	Rachenmandel	Tonsilla pharyngea
9	Kehldeckel	Epiglottis
10	Speiseröhre	Oesophagus
11	Schildknorpel	Cartilago thyroidea
12	Ringknorpel	Cartilago cricoidea
13	harter Gaumen	Palatum durum
14	weicher Gaumen	Palatum molle
15	Zunge	Lingua
16	Luftröhre	Trachea
17	Trichter/hintere Öffnungen der Nasenhöhle in den Nasenrachenraum	Choana
18	Nasenscheidewand	Septum nasi
19	Gaumensegel	Velum palatinum
20	Zäpfchen	Uvula palatina
21	Gaumenmandel	Tonsilla palatina
22	Kehlkopf	Larynx

Seite 46 | **Kehlkopf, Luftröhre und Bronchien**

Abb. 3: Knorpel des Kehlkopfes (Cartilagines laryngealis)
Abb. 4: Kehlkopf mit Luftröhre (Larynx mit Trachea)
Abb. 5: Kehlkopf Seitenansicht (Larynx lateral)
Abb. 6: Kehlkopf Rückansicht (Larynx dorsal)
Abb 7: Wand der Luftröhre im Ouerschnitt

Nr.	deutsche Bezeichnung	Fachbezeichnung
1	Zungenbein	Os hyoideum
2	Schildknorpel	Cartilago thyroidea
3	Ringknorpel	Cartilago cricoidea
4	Stellknorpel	Cartilago arytenoidea
5	Stimmfalten	Plicae vocales
6	Taschenfalte	Plica vestibularis
7	Knorpelspangen der Luftröhre	Cartilagines tracheales
8	Kehldeckel	Epiglottis
9	Luftröhre	Trachea
10	elastische Hinterwand der Luftröhre	Paries membranaceus
11	Luftröhrengabel	Bifurcatio tracheae
12	rechter Hauptbronchus	Bronchus principalis dexter
13	linker Hauptbronchus	Bronchus principalis sinister
14	mehrreihiges Flimmerepithel mit Becherzellen	mehrreihiges Flimmerepithel mit Becherzellen
15	Bindegewebsschicht der Schleimhaut	Lamina propria *mucosae*
16	Muskelschicht der Schleimhaut	Lamina muscularis *mucosae*
17	Schleimdrüsen	Glandulae mucosae
18	Knorpelgewebe	Knorpelgewebe
19	lockeres Bindegewebe	lockeres Bindegewebe

Atmungssystem

Seite 48	Bronchien und Lungen

Abb. 8: Lungen und Bronchialbaum
Abb. 9: Lungenläppchen (Lobuli pulmonis)

Nr.	deutsche Bezeichnung	Fachbezeichnung
1	Luftröhre	Trachea
2	Luftröhrengabel	Bifurcatio tracheae
3	rechter Hauptbronchus	Bronchus principalis dexter
4	linker Hauptbronchus	Bronchus principalis sinister
5	oberer rechter Lappenbronchus	Bronchus lobaris superior dexter
6	mittlerer rechter Lappenbronchus	Bronchus lobaris medius dexter
7	unterer rechter Lappenbronchus	Bronchus lobaris inferior dexter
8	Segmentbronchien	Bronchi segmentales
9	rechter oberer Lungenlappen	Lobus superior dexter
10	rechter mittlerer Lungenlappen	Lobus medius dexter
11	rechter unterer Lungenlappen	Lobus inferior dexter
12	linker oberer Lungenlappen	Lobus superior sinister
13	linker unterer Lungenlappen	Lobus inferior sinister
14	Lungenbasis	Basis pulmonis
15	Lungenspitze	Apex pulmonis
16	Lungenläppchen	Lobuli pulmonis
17	Endbronchus	Bronchiolus terminalis
18	Ast der Lungenarterie	Ast der A. pulmonalis
19	Ast der Lungenvene	Ast der V. pulmonalis
20	Alveoläres Lungenkapillarnetz	Alveoläres Lungenkapillarnetz
21	Lungenbläschen	Alveolen
22	Lungenbläschentrennwand	Septum interalveolare

Seite 50	Lungen- und Brustfell

Abb. 10: Brusthöhle (Cavitas thoracis)
Abb. 11: Lungenläppchen mit Wandteil der Pleura (Lobuli mit Pleura parietalis)

Nr.	deutsche Bezeichnung	Fachbezeichnung
1	Kehlkopf	Larynx
2	Luftröhre	Trachea
3	linker Hauptbronchus	Bronchus principalis sinister
4	rechter Hauptbronchus	Bronchus principalis dexter
5	Aortenbogen	Arcus aortae
6	obere Hohlvene	V. cava superior
7	Lungenarterie	A. pulmonalis
8	Lungenvenen	Vv. pulmonales
9	Eintrittstelle der Lunge	Hilum pulmonalis
10	rechter oberer Lungenlappen	Lobus superior dexter
11	rechter mittlerer Lungenlappen	Lobus medius dexter
12	rechter unterer Lungenlappen	Lobus inferior dexter
13	linker oberer Lungenlappen	Lobus superior sinister
14	linker unterer Lungenlappen	Lobus inferior sinister
15	Eingeweideteil der Pleura	Pleura visceralis/pulmonalis
16	Wandteil der Pleura	Pleura parietalis
17	Pleurahöhle	Cavitas pleuralis
18	Rippen	Costae
19	Lungenbläschen	Alveolen
20	Zwerchfell	Diaphragma
21	äußeres Herzbeutelblatt	Perikard
22	Milchbrustgang	Ductus thoracicus

Herz- und Blutgefäßsystem

Seite 52	**Herz- und Blutkreislauf**

Abb. 1: Blutkreislauf

Nr.	deutsche Bezeichnung	Fachbezeichnung
1	linker Vorhof	Atrium sinistrum
2	rechter Vorhof	Atrium dextrum
3	linke Herzkammer	Ventriculus sinister
4	rechte Herzkammer	Ventriculus dexter
5	Hauptschlagader/ große Körperschlagader	Aorta
6	Stamm der Lungenarterie	Truncus pulmonalis
7	rechte und linke Lungenarterie	A. pulmonalis dextra et sinistra
8	obere Hohlvene	V. cava superior
9	untere Hohlvene	V. cava inferior
10	Lungenvenen	Vv. pulmonales
11	Pfortader	V. portae

Seite 54	**Form und Lage des Herzens**

Abb. 2: Lage des Herzens
Abb. 3: Herzbeutel eröffnet

Nr.	deutsche Bezeichnung	Fachbezeichnung
1	Aortenbogen	Arcus aortae
2	Stamm der Lungenarterie	Truncus pulmonalis
3	Stamm der Kopf-Arm-Arterie	Truncus brachiocephalicus
4	linke gemeinsame Kopfarterie	A. carotis communis sinistra
5	linke Schlüsselbeinarterie	A. subclavia sinistra
6	Zwerchfell	Diaphragma
7	äußeres Herzbeutelblatt	Perikard
8	Herzspitze	Apex cordis
9	Herzbasis	Basis cordis

Seite 56	**Bau des Herzens**

Abb. 4: Herz-Vorderansicht (Cor ventral)
Abb. 5: Herz-Rückansicht (Cor dorsal)

Nr.	deutsche Bezeichnung	Fachbezeichnung
1	rechter Vorhof	Atrium dextrum
2	linker Vorhof	Atrium sinistrum
3	rechte Herzkammer	Ventriculus dexter
4	linke Herzkammer	Ventriculus sinister
5	rechtes Herzohr	Auricula dextra
6	linkes Herzohr	Auricula sinistra
7	obere Hohlvene	V. cava superior
8	untere Hohlvene	V. cava inferior
9	Stamm der Lungenarterie	Truncus pulmonalis
10	Lungenarterien	Aa. pulmonales
11	Lungenvenen	Vv. pulmonales
12	Hauptschlagader	Aorta
13	Stamm der Kopf-Arm-Arterie	Truncus brachiocephalicus
14	rechte u. linke Schlüsselbeinarterie	A. subclavia dextra et sinistra
15	rechte und linke gemeinsame Kopfarterie	A. carotis communis dextra et sinistra
16	rechte und linke Arm-Kopf-Vene	V. brachiocephalica dextra et sinistra
17	rechte u. linke Schlüsselbeinvene	V. subclavia dextra et sinistra
18	rechte u. linke innere Drosselvene	V. jugularis interna dextra et sinistra
19	rechte Herzkranzarterie	A. coronaria dextra
20	linke Herzkranzarterie	A. coronaria sinistra
21	venöser Herzblutleiter und Herzvenen	Sinus coronarius et Vv. cordis/ cardiacae

Erläuterungen

Sinus coronarius

An der Hinterfläche des Herzens an der Vorhof-Kammergrenze gelegene Sammelvene, die den größten Teil der Herzvenen aufnimmt und in den rechten Vorhof mündet.

Herz- und Blutgefäßsystem

Seite 58	Bau und Erregungssystem des Herzens

Abb. 6: Herz / Hohlräume eröffnet
Abb. 7: Herz schematisch, Erregungsbildungs- und leitungssystem

Nr.	deutsche Bezeichnung	Fachbezeichnung
1	rechter Vorhof	Atrium dextrum
2	linker Vorhof	Atrium sinistrum
3	rechte Herzkammer	Ventriculus dexter
4	linke Herzkammer	Ventriculus sinister
5	Hauptschlagader	Aorta
6	Stamm der Lungenarterie	Truncus pulmonalis
7	obere Hohlvene	V. cava superior
8	untere Hohlvene	V. cava inferior
9	Lungenvenen	Vv. pulmonales
10	zweizipflige Segelklappe	Valva bicuspidalis (mitralis)
11	dreizipflige Segelklappe	Valva tricuspidalis
12	Aortenklappe	Valva aortae
13	Lungenarterienklappe	Valva trunci pulmonalis
14	Kammerscheidewand	Septum interventriculare
15	Herzinnenhaut	Endokard
16	Herzmuskelschicht	Myokard
17	inneres Herzbeutelblatt	Epikard
18	äußeres Herzbeutelblatt	Perikard
19	Spalt zwischen innerem und äußerem Herzbeutelblatt	Perikardspalt
20	Stamm der Kopf-Arm-Arterie	Truncus brachiocephalicus
21	rechte gemeinsame Kopfarterie	A. carotis communis dextra
22	rechte Schlüsselbeinarterie	A. subclavia dextra
23	linke gemeinsame Kopfarterie	A. carotis communis sinistra
24	linke Schlüsselbeinarterie	A. subclavia sinistra
25	Sinusknoten	Nodus sinuatrialis
26	Vorhof-Kammer-Knoten (AV-Knoten)	Nodus atrioventricularis
27	His-Bündel	Truncus fasciculi atrioventricularis
28	Rechter u. linker Kammerschenkel	Crus dextrum et sinistrum

Nr.	deutsche Bezeichnung	Fachbezeichnung
29	Purkinje Fasern	Purkinje Fasern
30	Herzskelett	Anuli fibrosi

Seite 60	Arterielles Gefäßsystem

Abb. 8: Blutversorgung von Kopf und Brustkorb
Abb. 9/10: Blutversorgung von Arm und Hand, links

Nr.	deutsche Bezeichnung	Fachbezeichnung
1	aufsteigende Aorta	Pars ascendens aortae
2	Aortenbogen	Arcus aortae
3	Brustaorta	Pars thoracica aortae
4	Aortenklappe	Valva aortae
5	Stamm der Kopf-Arm-Arterie	Truncus brachiocephalicus
6	rechte Schlüsselbeinarterie	A. subclavia dextra
7	rechte gemeinsame Kopfarterie	A. carotis communis dextra
8	linke gemeinsame Kopfarterie	A. carotis communis sinistra
9	linke Schlüsselbeinarterie	A. subclavia sinistra
10	linke äußere Kopfarterie	A. carotis externa sinistra
11	linke innere Kopfarterie	A. carotis interna sinistra
12	linke Gesichtsarterie	A. facialis sinistra
13	linke oberflächl. Schläfenbeinarterie	A. temporalis superficialis sinistra
14	Rippenzwischenraumarterien	Aa. intercostales
15	linke Bronchialarterie	A. bronchialis sinistra
16	Speiseröhrenarterien	Aa. oesophageae
17	Karotissinus	Sinus caroticus
18	Wirbelarterie	A. vertebralis
19	Achselarterie	A. axillaris
20	Oberarmarterie	A. brachialis
21	Speichenarterie	A. radialis
22	Ellenarterie	A. ulnaris
23	oberflächlicher Handhohlbogen	Arcus palmaris superficialis
24	tiefer Handhohlbogen	Arcus palmaris profundus

Herz- und Blutgefäßsystem

Seite 62 | **Gefäßsystem von Thorax und Bauch**

Abb.11–13: Blutversorgung der Bauch- und Beckenorgane

Nr.	deutsche Bezeichnung	Fachbezeichnung
1	aufsteigende Aorta	Pars ascendens aortae
2	Aortenbogen	Arcus aortae
3	Brustaorta	Pars thoracica aortae
4	Bauchaorta	Pars abdominalis aortae
5	obere Hohlvene	V. cava superior
6	untere Hohlvene	V. cava inferior
7	linke gemeinsame Hüftarterie	A. iliaca communis sinistra
8	Bauchhöhlenstamm	Truncus coeliacus
9	obere Gekrösearterie	A. mesenterica superior
10	untere Gekrösearterie	A. mesenterica inferior
11	rechte gemeinsame Hüftarterie	A. iliaca communis dextra
12	linke innere Hüftarterie	A. iliaca interna sinistra
13	linke äußere Hüftarterie	A. iliaca externa sinistra
14	linke äußere Hüftvene	V. iliaca externa sinistra
15	linke gemeinsame Hüftvene	V. iliaca communis sinistra
16/1	linke Nierenarterie	A. renalis sinistra
16/2	rechte Nierenarterie	A. renalis dextra
17/1	linke Nierenvene	V. renalis sinistra
17/2	rechte Nierenvene	V. renalis dextra
18/1	Mann: Hodenarterien	Aa. testiculares
18/1	Frau: Eierstockarterien	Aa. ovaricae
18/2	Mann: rechte u. linke Hodenvenen	Vv. testiculares dextra et sinistra
18/2	Frau: rechte u. linke Eierstockvenen	Vv. ovaricae dextra et sinistra
19/1	gemeinsame Leberarterie	A. hepatica communis
19/2	Leberarterie	A. hepatica propria
20/1	linke Magenarterie	A. gastrica sinistra
20/2	rechte Magenarterie	A. gastrica dextra
20/3	rechte Magen-Netzarterie	A. gastroomentalis dextra
20/4	linke Magen-Netzarterie	A. gastroomentalis sinistra
21	Milzarterie	A. splenica
22	Magen-Zwölffingerdarmarterie	A. gastroduodenalis

Seite 64 — Gefäßsystem von Bauch, Becken und Beinen

Abb. 14: Blutversorgung des Darmes
Abb. 15: Blutversorgung des kleinen Beckens
Abb. 16: Blutversorgung des rechten Beines (Ventralansicht)
Abb. 17: Blutversorgung des rechten Beines (Dorsalansicht)

Nr.	deutsche Bezeichnung	Fachbezeichnung
1	obere Gekrösearterie	A. mesenterica superior
2	untere Gekrösearterie	A. mesenterica inferior
3	Dünndarm	Intestinum tenue
4	Grimmdarm	Colon
5	Bauchaorta	Pars abdominalis aortae
6	rechte gemeinsame Hüftarterie	A. iliaca communis dextra
7	rechte innere Hüftarterie	A. iliaca interna dextra
8	rechte äußere Hüftarterie	A. iliaca externa dextra
9	Harnblase	Vesica urinaria
10	Mastdarm	Rectum (Rektum)
11	Oberschenkelarterie	A. femoralis
12	Kniekehlenarterie	A. poplitea
13	vordere Schienbeinarterie	A. tibialis anterior
14	hintere Schienbeinarterie	A. tibialis posterior
15	Fußrückenarterie	A. dorsalis pedis
16	untere Hohlvene	V. cava inferior
17	Wadenbeinarterie	A. fibularis

Seite 66 — Venen des Kopfes, der Arme und des Brustraumes

Abb. 18: Venen

Nr.	deutsche Bezeichnung	Fachbezeichnung
1	Hirnsinus/venöse Blutleiter der harten Hirnhaut	Sinus durae matris
2	obere Augenhöhlenvene	V. ophtalmica superior
3	Gesichtsvene	V. facialis

Nr.	deutsche Bezeichnung	Fachbezeichnung
4	rechte und linke innere Drosselvene	Vv. jugulares interna dextra et sinistra
5	rechte und linke Arm-Kopfvene	Vv. brachiocephalicae dextra et sinistra
6	rechte u. linke Schlüsselbeinvene	Vv. subclaviae dextra et sinistra
7	obere Hohlvene	V. cava superior
8	rechte Achselvene	V. axillaris dexter
9	auf der Speichenseite liegende Hautvene	V. cephalica
10	auf der Ellenseite liegende Hautvene	V. basilica
11	Armvene	V. brachialis
12	mittlere Ellenbogenvene	V. mediana cubiti
13	Lebervenen	Vv. hepaticae
14	untere Hohlvene	V. cava inferior
15	rechte und linke Nierenvene	Vv. renales dextra et sinistra
16	unpaare hintere Brustkorbvene	V. azygos

Seite 68 — Venen des Brust- und Bauchraumes

Abb. 19: Venen des Brust- und Bauchraumes

Abb. 20: Venöse Verbindung am Mastdarm (Venöse Anastomosen am Rectum)

Abb. 21: Venöse Verbindungen an der Speiseröhre (Venöse Anastomosen am Oesophagus)

Abb. 22: Innenschicht der Venen (Intima der Venen)

Nr.	deutsche Bezeichnung	Fachbezeichnung
1	obere Hohlvene	V. cava superior
2	innere Drosselvene	V. jugularis interna
3	Schlüsselbeinvene	V. subclavia
4	Arm-Kopf-Vene	V. brachiocephalica
5	unpaare Brusthöhlenvene	V. hemiazygos
6	unpaare hintere Brustkorbvene	V. azygos

Nr.	deutsche Bezeichnung	Fachbezeichnung
7	Speiseröhre	Oesophagus
8	untere Hohlvene	V. cava inferior
9	gemeinsame Hüftvene	V. iliaca communis
10	äußere Hüftvene	V. iliaca externa
11	innere Hüftvene	V. iliaca interna
12	Oberschenkelvene	V. femoralis
13	große Hautvene des Beines	V. saphena magna
14	Mastdarmvenengeflecht	Plexus venosus rectalis
15	obere Mastdarmvene	V. rectalis superior
16	aufsteigende Lendenvene	V. lumbalis ascendens
17	Mastdarm	Rectum (Rektum)
18	Venen der Speiseröhre	Vv. oesophageae
19	Anastomosen zu den Bauchvenen	Anastomosen zu den Bauchvenen
20	Venenklappen	Valvulae venarum

ERLÄUTERUNGEN

hemiazygos

Der halben Vena azygos entsprechend.
– hemi- (griech.): halb; azygos (griech.): unpaar.

Anastomosen

Einmündung, Öffnung, natürliche Verbindung zwischen Blut- (z. B. arterio-venöse A.), Lymphgefäßen oder Nerven

Seite 70	**Pfortaderkreislauf**

Abb. 23: Pfortaderkreislauf (Dorsalansicht)

Nr.	deutsche Bezeichnung	Fachbezeichnung
1	Pfortader	V. portae
2	obere Gekrösevene	V. mesenterica superior
2/1	untere Gekrösevene	V. mesenterica inferior
3	Mastdarmvenengeflecht	Plexus venosus rectalis
3/1	Mastdarm	Rectum (Rektum)

Herz- und Blutgefäßsystem

Nr.	deutsche Bezeichnung	Fachbezeichnung
4	rechte und linke Magenvenen/ rechte und linke Magen-Netzvenen	Vv. gastricae dextra et sinistra/ Vv. gastroomentalis dextra et sinistra
5	Milzvene	V. splenica
6	Lebervenen	Vv. hepaticae
7	untere Hohlvene	V. cava inferior

Seite 72 **Fetalkreislauf**

Abb. 24–26: Fetalkreislauf

Nr.	deutsche Bezeichnung	Fachbezeichnung
1	Mutterkuchen	Plazenta
2	Nabelvene	V. umbilicalis
2/1	Mischstelle 1	Mischstelle 1
3	Nabel	Umbilicus
4	venöses Kurzschlußgefäß	Ductus venosus
4/1	Mischstelle 2	Mischstelle 2
5	Pfortader	V. portae
6	Lebervenen	Vv. hepaticae
7	untere Hohlvene	V. cava inferior
8	obere Hohlvene	V. cava superior
9	aufsteigende Aorta	Pars ascendens aortae
10	ovales Loch	Foramen ovale
11	arterielles Kurzschlußgefäß	Ductus arteriosus
11/1	Mischstelle 3	Mischstelle 3
12	Stamm der Lungenarterie	Truncus pulmonalis
13	Bauchaorta	Pars abdominalis aortae
14	innere Hüftarterie	A. iliaca interna
15	Nabelarterien	Aa. umbilicales

Seite 74	Lymphsystem

Abb. 1: Lymphsystem (Übersicht)
Abb. 2: Lymphknoten
Abb. 3: Milzpforte (Hilum splenicum)
Abb. 4: Milz (mikroskopisch)

Nr.	deutsche Bezeichnung	Fachbezeichnung
1	Lendenlymphstamm	Truncus lumbalis
2	Darmlymphstämme	Truncus intestinalis
3	Sammelstelle der Lymphe des Bauchraumes	Cisterna chyli
4	Brustmilchgang	Ductus thoracicus
5	rechter Lymphgang	Ductus lymphaticus dexter
6	rechter Venenwinkel	Angulus venosus dexter
7	linker Venenwinkel	Angulus venosus sinister
8	Achsellymphknoten	Nodi lymphatici axillares
9	Leistenlymphknoten	Nodi lymphatici inguinales
10	Hilumlymphknoten	Nodi lymphatici tracheo-bronchiales
11	Unterkieferlymphknoten	Nodi lymphatici submandibulares
12	Halslymphknoten	Nodi lymphatici cervicales
13	Gekröselymphknoten	Nodi lymphatici mesenterici
14	Lymphknoten entlang der Hüftgefäße	Nodi lymphatici iliaci
15	Milzarterie	A. splenica
16	Milzvene	V. splenica
17	Bindegewebskapsel	Tunica fibrosa
18	Randsinus	Sinus subcapsularis
19	Lymphknötchen	Nodulus lymphaticus
20	Blutgefäße	Vasa sanguinea
21	zuführende Lymphgefäße	Vas lymphaticum afferens
22	abführende Lymphgefäße	Vas lymphaticum efferens
23	weiße Milzpulpa	weiße Milzpulpa
24	rote Milzpulpa	rote Milzpulpa

Lymphsystem

Erläuterung
Ductus thoracicus
Der milchige Charakter der Lymphe im Ductus thoracicus hat mittelalterliche Anatomen bei der Sektion von Müttern, die im Kindbett verstarben, zu der irrigen Annahme verleitet, daß dieses Lymphgefäß Milch vom Darm zu den Brustdrüsen leite. Hieraus ergab sich der immer noch übliche deutsche Name „Milchbrustgang“.

Seite 76	Mundhöhle und Speicheldrüsen

Abb. 1–3: Mundhöhle (Cavitas oris)

Nr.	deutsche Bezeichnung	Fachbezeichnung
1	Halswirbel	Vertebrae cervicales
2	Mundhöhle	Cavitas oris
3	harter Gaumen	Palatum durum
4	weicher Gaumen u. Gaumensegel	Palatum molle et Velum palatinum
5	Mundrachenraum	Pars oralis pharyngis
6	Zunge	Lingua
7	Zähne	Dentes
8	Kehldeckel	Epiglottis
9	Luftröhre	Trachea
10	Speiseröhre	Oesophagus
11	Lippe/Unterlippe	Labium/Labium inferius
12	Zäpfchen	Uvula palatina
13	Oberkiefer	Maxilla
14	Mundschließmuskel	M. orbicularis oris
15	Gaumenmandel	Tonsilla palatina
16/1	Ohrspeicheldrüse	Glandula parotis/ Glandula parotidea
16/2	Ausführungsgang der Ohrspeicheldrüse	Ductus parotideus
17	Unterkieferspeicheldrüse	Glandula submandibularis
18/1	Unterzungenspeicheldrüse	Glandula sublingualis
18/2	Ausführungsgang der Unterzungenspeicheldrüse	Ductus sublingualis
19	Kaumuskel	M. masseter

Verdauungssystem

Seite 78	Zähne und Gebiß

Abb. 4: Zähne im Oberkiefer
Abb. 5: Zähne im Oberkiefer (Milchgebiß)
Abb. 6: Schneidezahn längs

Nr.	deutsche Bezeichnung	Fachbezeichnung
1	harter Gaumen	Palatum durum
2	Trichter/hintere Nasenöffnung	Choana
3	Schneidezähne	Dentes incisivi
4	Eckzahn	Dens caninus
5	Backenzähne	Dentes praemolares
5/1	Milchbackenzähne/Milchmolaren	Dentes decidui molares
6	Mahlzähne	Dentes molares
7	Pflugscharbein	Vomer
8	Zahnschmelz	Enamelum
9	Zahnbein	Dentin
10	Zahnhöhle	Cavitas dentis
11	Zahnfleisch	Gingiva
12	Wurzelhaut	Periodontium
13	Zement	Cementum
14	Zahnfach	Alveolus dentalis
15	Wurzelkanal des Zahnes	Canalis radicis dentis
A	Zahnkrone	Corona dentis
B	Zahnhals	Cervix dentis
C	Zahnwurzel	Radix dentis

Erläuterungen

Enamelum

Zahnschmelz, der emailleartige Überzug der Zahnkrone; härteste Substanz des menschlichen Organismus, besteht vor allem aus phosphorsaurem Kalk in Form von Hydroxylapatit und wird von epithelialen Adamantoblasten des Schmelzorgans gebildet.

Adamantoblasten

Zellen des inneren Schmelzepithels der Zahnanlage, die im Bereich der

Zahnkrone Schmelz und Schmelzoberhäutchen bilden. Sie gehen beim Zahndurchbruch zugrunde.

Dentin
Kernsubstanz des Zahns, mit hohem Gehalt an organischer Substanz (kollagene Fibrillen). Das Dentin wird von annähernd parallelen Kanälen durchzogen, die von der Pulpa zur Schmelz-Dentingrenze reichen und Fortsätze der Nervenfasern enthalten.

Seite 80	Speiseröhre und Magen

Abb. 7: Lagebeziehung zwischen Speise-, Luftröhre und Hauptschlagader (Lagebeziehung zwischen Oesophagus, Trachea und Aorta)
Abb. 8: Wandaufbau der Speiseröhre (Wandaufbau des Oesophagus)
Abb. 9: Magen (Gaster/ Ventriculus)
Abb. 10: Magenschleimhaut

Nr.	deutsche Bezeichnung	Fachbezeichnung
1	Luftröhre	Trachea
2	Speiseröhre	Oesophagus
3/1	Aortenbogen	Arcus aortae
3/2	Brustaorta	Pars thoracica aortae
4	rechter und linker Hauptbronchus	Bronchi principales dexter et sinister
5	Zwerchfell	Diaphragma
6	Leber	Hepar
7	Magen	Gaster/Ventriculus
7/1	Mageneingang	Kardia/Ostium cardiacum
7/2	Magengrund	Fundus gastricus
7/3	Magenkörper	Corpus gastricum
7/4	Pförtnerabschnitt	Pars pylorica
7/5	Pförtner	Pylorus/Ostium pyloricum
7/6	kleine Magenkrümmung	Curvatura gastrica minor
7/7	große Magenkrümmung	Curvatura gastrica major
8	Milz	Splen
9	Bauchspeicheldrüse	Pankreas

Verdauungssystem

Nr.	deutsche Bezeichnung	Fachbezeichnung
10	Schleimhautschicht	Tunica mucosa
10/1	Epithelschicht der Schleimhaut	Lamina epithelialis mucosae
10/2	Bindegewebsschicht der Schleimhaut	Lamina propria mucosae
10/3	Muskelschicht der Schleimhaut	Lamina muscularis mucosae
11	unter der Schleimhaut gelegene Schicht	Tela submucosa
12	Muskelschicht	Tunica muscularis
12/1	Ringmuskelschicht	Ringmuskelschicht
12/2	Längsmuskelschicht	Längsmuskelschicht
13	Außenschicht	Adventitia
14	Hauptzellen	Hauptzellen
15	Belegzellen	Belegzellen
16	Nebenzellen	Nebenzellen
17	Magengrübchen	Voveolae gastricae

Erläuterungen

Hauptzellen	Bildung von Pepsinogen	Glandulae gastricae
Belegzellen	Bildung von Salzsäure	
Nebenzellen	Bildung von Magenschleim	

Seite 82 | **Dünndarm** (Intestinum tenue)

Abb. 11: Dünndarm mit Bauchfell (Intestinum tenue mit Peritoneum)
Abb 12/13: Dünndarmwand

Nr.	deutsche Bezeichnung	Fachbezeichnung
1	Dünndarm	Intestinum tenue
2	Dünndarmgekröse	Mesenterium
3/1	zentrales Chylusgefäß	zentrales Chylusgefäß
3/2	Lymphfollikel	Lymphfollikel
4	Blutgefäße	Blutgefäße
5	Ringfalten	Kerckringsche Falten/ Plicae circulares

Nr.	deutsche Bezeichnung	Fachbezeichnung
6	Eingeweideblatt des Bauchfells	Peritoneum viscerale
7	Dünndarmzotten	Villi intestinales
8	glatte Muskulatur	glatte Muskulatur
9	Einbuchtungen zwischen den Dünndarmzotten	Lieberkühnsche Krypten
10	Muskelschicht/Ringmuskulatur	Tunica muscularis/ Ringmuskulatur
11	Muskelschicht/Längsmuskulatur	Tunica muscularis/ Längsmuskulatur

Seite 84 | **Dickdarm** (Bau und Lagebezeichnung)

Abb. 14: Bauchsitus
Abb. 15: Blinddarm (Caecum)
Abb. 16: Dickdarm (Intestinum crassum)
Abb. 17: Lagebeziehungen im hinteren Bauchraum

Nr.	deutsche Bezeichnung	Fachbezeichnung
1	Zwerchfell	Diaphragma
2	Leber	Hepar
3	Magen	Gaster/Ventriculus
4	Blinddarm	Caecum
4/1	Bauhinsche Klappe	Valva ileocaecalis
4/2	McBurney-Punkt	McBurney-Punkt
5	Wurmfortsatz	Appendix vermiformis
6	aufsteigender Grimmdarm	Colon ascendens
7	rechte Grimmdarmkrümmung	Flexura coli dextra
8	querverlaufender Grimmdarm	Colon transversum
9	linke Grimmdarmkrümmung	Flexura coli sinistra
10	absteigender Grimmdarm	Colon descendens
11	sigmaförmiger Grimmdarm	Colon sigmoideum
12	Mastdarm	Rectum (Rektum)
13	After	Anus

Verdauungssystem

Nr.	deutsche Bezeichnung	Fachbezeichnung
14	Dünndarm	Intestinum tenue
14/1	Zwölffingerdarm	Duodenum
14/2	Krummdarm	Ileum
15	Gallenblase	Vesica biliaris
16	großes Netz	Omentum majus
17	rechte und linke Niere	Ren dexter et sinister
18	Nebenniere	Glandula suprarenalis
19	Bauchspeicheldrüse	Pankreas
20	Milz	Splen
21	Bauchnabel	Umbilicus
22	vorderer oberer Darmbeinstachel	Spina iliaca anterior superior
23	Schöpfeimer	Haustren
24	Bandstreifen	Taenien

Seite 86 | **Leber** (Hepar)

Abb. 18: Leber von vorn (Hepar ventral)
Abb. 19: Leber von hinten (Hepar dorsal)
Abb. 20/21: Leber mikroskopisch (Hepar mikroskopisch)

Nr.	deutsche Bezeichnung	Fachbezeichnung
1	rechter Leberlappen	Lobus dexter
2	linker Leberlappen	Lobus sinister
3	Schweiflappen	Lobus caudatus
4	quadratischer Lappen	Lobus quadratus
5	sichelförmiges Band	Ligamentum falciforme
6	Leberpforte	Porta hepatis
7	Pfortader	V. portae
8	Leberarterie	A. hepatica
9	rechter und linker Lebergang	Ductus hepaticus dexter et sinister
10	Hauptgallengang	Ductus choledochus
10/1	Gallenblasengang	Ductus cysticus
11	Gallenblase	Vesica biliaris

Nr.	deutsche Bezeichnung	Fachbezeichnung
12	Lebervenen	Vv. hepaticae
13	untere Hohlvene	V. cava inferior
14	Zellbalken	Zellbalken
15	Glissonsche Trias	Trias hepatica
16	Ast der Pfortader	Ast der V. portae
17	Ast der Leberarterie	Ast der A. hepatica
18	Gallengänge	Gallengänge
19	Lebersinusoide	Lebersinusoide
20	Gallenkapillare	Gallenkapillare
21	Zentralvene	V. centralis
22	Schaltvene (entsteht aus den Zentralvenen)	V. sublobularis

Seite 88 — Bauchspeicheldrüse und Gallengänge

Abb. 22: Zwölffingerdarm und Bauchspeicheldrüse von vorn (Duodenum und Pankreas von ventral)
Abb. 23: Zwölffingerdarm, Bauchspeicheldrüse, Magen und Leber von hinten (Duodenum; Pankreas, Gaster und Hepar von dorsal)
Abb. 24: Gallengänge außerhalb der Leber (Extrahepatische Gallengänge)
Abb. 25: Bauchspeicheldrüse mikroskopisch (Pankreas mikroskopisch)

Nr.	deutsche Bezeichnung	Fachbezeichnung
1	Leber	Hepar
2	Magen	Gaster/Ventriculus
3	Bauchspeicheldrüse	Pankreas
3/1	Kopf der Bauchspeicheldrüse	Caput pancreatis
3/2	Körper der Bauchspeicheldrüse	Corpus pancreatis
3/3	Schwanz der Bauchspeicheldrüse	Cauda pancreatis
3/4	Läppchen der Bauchspeicheldrüse	Lobuli pancreatici
3/5	Bauchspeichelgang	Ductus pancreaticus
3/6	Exokrine Drüse mit Drüsenendstück	Exokrine Drüse mit Acini

Verdauungssystem

Nr.	deutsche Bezeichnung	Fachbezeichnung
3/7	Langerhans-Inseln mit A- und B-Zellen	Langerhans-Inseln mit A- und B- Zellen
3/8	Blutkapillaren	Blutkapillaren
4	Zwölffingerdarm	Duodenum
4/1	oberer Abschnitt des Zwölffingerdarms	Pars superior duodeni
4/2	absteigender Abschnitt des Zwölffingerdarms	Pars descendens duodeni
4/3	große Zwölffingerdarmpapille/ Vatersche Papille	Papilla duodeni major/ Papilla Vateri
4/4	horizontaler Abschnitt des Zwölffingerdarms	Pars horizontalis duodeni
5	untere Hohlvene	V. cava inferior
6	kleines Netz	Omentum minus
7	obere Gekrösearterie	A. mesenterica superior
8	obere Gekrösevene	V. mesenterica superior
9/1	rechter und linker Lebergang	Ductas hepaticus dexter et sinister
9/2	gemeinsamer Lebergang	Ductus hepaticus communis
9/3	Gallenblasengang	Ductus cysticus
9/4	Hauptgallengang	Ductus choledochus
9/5	Gallenblase	Vesica biliaris

Seite 90 **Organübersicht**

Abb. 26: Brust- und Bauchorgane

Nr.	deutsche Bezeichnung	Fachbezeichnung
1	Speiseröhre	Oesophagus
2	Luftröhre	Trachea
3	Brustbein	Sternum
4	Lungen	Pulmones
5	Herz	Cor
6/1	Rippen	Costae
6/2	Rippenbogen	Arcus costalis

Nr.	deutsche Bezeichnung	Fachbezeichnung
7	Leber	Hepar
8	Magen	Gaster/Ventriculus
9/1	vorderer oberer Darmbeinstachel	Spina iliaca anterior superior
9/2	Darmbeinkamm	Crista iliaca
10/1	Blinddarm	Caecum
10/2	aufsteigender Grimmdarm	Colon ascendens
10/3	querverlaufender Grimmdarm	Colon transversum
10/4	linke Grimmdarmkrümmung	Flexura coli sinistra
10/5	absteigender Grimmdarm	Colon descendens
10/6	sigmaförmiger Grimmdarm	Colon sigmoideum
11	Leerdarm	Jejunum
12	Krummdarm	Ileum
13	Sitzbein	Os ischii
14	Schambeinfuge	Symphyse
15	Oberschenkel/Oberschenkelbein	Femur
16	Leistenband	Ligamentum inguinale
17	Oberschenkelarterie	A. femoralis
18	Oberschenkelvene	V. femoralis
19	Darmbein- Lendenmuskel	M. iliopsoas

Seite 92 | **Bauchfell**

Abb. 27/28: Beziehungen der Organe zum Bauchfell

Nr.	deutsche Bezeichnung	Fachbezeichnung
1	Zwerchfell	Diaphragma
2	wandständiges Blatt des Bauchfells	Peritoneum parietale
3	großes Netz	Omentum majus
4	kleines Netz	Omentum minus
5	Netzbeutel/Bauchfelltasche	Bursa omentalis
6	Dünndarmgekröse	Mesenterium
7	Gekrösewurzel	Radix mesenterii
8	Douglas-Raum	Excavatio rectouterina

Verdauungssystem

Nr.	deutsche Bezeichnung	Fachbezeichnung
9	Einsenkung des Bauchfells zwischen Gebärmutter u. Harnblase	Excavatio vesicouterina
10	Leber	Hepar
11	Magen	Gaster/Ventriculus
12	querverlaufender Grimmdarm	Colon transversum
13	Dünndarm	Intestinum tenue
14	Gebärmutter	Uterus
15	Harnblase	Vesica urinaria
16	Mastdarm	Rectum (Rektum)
17	Scheide	Vagina
18	Kreuzbein	Os sacrum
19	Schambeinfuge	Symphysis pubica
20	Teilungsstelle der Aorta	Bifurcatio aortae
21	rechte gemeinsame Hüftarterie	A. iliaca communis dexter

Seite 94	**Harnorgane** (Lage und Übersicht)

Abb. 1: Organe im Retroperitonealraum
(Organe im Spatium retroperitoneale)
Abb. 2: Lage der Nieren

Nr.	deutsche Bezeichnung	Fachbezeichnung
1	Zwerchfell	Diaphragma
2	Öffnung im Zwerchfell für den Durchtritt der Speiseröhre	Hiatus oesophageus
3	Aortenschlitz	Hiatus aorticus
4	Loch im Zwerchfell für den Durchtritt der unteren Hohlvene	Foramen venae cavae
5	rechte Niere	Ren dexter
5/1	Fettkapsel	Capsula adiposa
5/2	Bindegewebskapsel	Capsula fibrosa
5/3	rechter Harnleiter	Ureter dexter
6	linke Niere	Ren sinister
6/1	linker Harnleiter	Ureter sinister
7	rechte Nebenniere	Glandula suprarenalis dextra
8	linke Nebenniere	Glandula suprarenalis sinistra
9	Bauchaorta	Pars abdominalis aortae
9/1	Bauchhöhlenstamm	Truncus coeliacus
9/2	obere Gekrösearterie	A. mesenterica superior
9/3	Nierenarterie	A. renalis
9/4	linke Eierstock-/Hodenarterie	A. ovarica/testicularis sinistra
9/5	rechte Eierstock-/Hodenarterie	A. ovarica/testicularis dextra
9/6	untere Gekrösearterie	A. mesenterica inferior
10	linke gemeinsame Hüftarterie	A. iliaca communis sinistra
10/1	linke innere Hüftarterie	A. iliaca interna sinistra
10/2	linke äußere Hüftarterie	A. iliaca externa sinistra
11	untere Hohlvene	V. cava inferior
11/1	Lebervenen	Vv. hepaticae
11/2	Nierenvenen	Vv. renales
11/3	Eierstock-/Hodenvenen	Vv. ovaricae/testiculares

Nr.	deutsche Bezeichnung	Fachbezeichnung
12	rechte gemeinsame Hüftvene	V. iliaca communis dextra
13	Harnblase	Vesica urinaria
14	Mastdarm	Rectum (Rektum)
15	Fasziensack der Niere	Fascia renalis

Seite 96	Bau der Niere

Abb. 3: Niere im Längsschnitt
Abb. 4: Funktionelles Nierengewebe (Nierenparenynchym)

Nr.	deutsche Bezeichnung	Fachbezeichnung
1	Bindegewebskapsel	Capsula fibrosa
2	Nierenrinde	Cortex renalis
3	Nierensäule	Columna renalis
4	Nierenpyramiden	Pyramides renales
5	Nierenpapille	Papilla renalis
6	Nierenkelch	Calix renalis
7	Nierenbecken	Pelvis renalis
8	Harnleiter	Ureter
9	Nierenvene	V. renalis
10	Nierenarterie	A. renalis
11	Nierenkörperchen/ Malpighi Körperchen	Corpusculum renale
12	Nierenkanälchen	Tubuli renales
13	Sammelrohr	Tubulus renalis colligens
14	Nierenarterie/Nierenvene	A. renalis/V. renalis

Seite 98	Nephron

Abb. 5: Nephron und Sammelrohr
Abb. 6: proximaler Tubulus (Tubulus proximalis) im Querschnitt

Nr.	deutsche Bezeichnung	Fachbezeichnung
1	Nierenkörperchen/ Malpighi Körperchen	Corpusculum renale
2/1	äußeres Blatt/Bowman Kapsel	parietales Blatt/Capsula glomeruli
2/2	inneres Blatt der Bowman Kapsel	viscerales Blatt/Capsula glomeruli
3	Gefäßknäuel	Glomerulum
3/1	zuführende Arteriole	Arteriola afferens
3/2	abführende Arteriole	Arteriola efferens
4	Gefäßpol	Gefäßpol
5	Harnpol	Harnpol
6	Nierenkanälchen	Tubulus renalis
6/1	proximaler Tubulus/ gewundener Teil	Tubulus proximalis/ Pars convoluta
6/2	intermediärer Tubulus/dünner absteigender Schleifenschenkel	Tubulus intermedius/ Pars descendens
6/3	distaler Tubulus/gerader Teil	Tubulus distalis/Pars recta
7	Sammelrohr	Tubulus renalis colligens
8	Papillargang	Ductus papillaris
9	Tubuluskapillargefäße	Tubuluskapillargefäße
10	Tubuluszellen	Tubuluszellen
11	Mikrovilli	Mikrovilli

Urogenitalsystem

Seite 100	Männliche Genitalorgane

Abb. 7: Harnwege
Abb. 8–10: Männliche Genitalorgane

Nr.	deutsche Bezeichnung	Fachbezeichnung
1	Harnblase	Vesica urinaria
1/1	Scheitel der Harnblase	Apex vesicae
1/2	Körper der Harnblase	Corpus vesicae
1/3	Harnblasendreieck	Trigonum vesicae
1/4	Grund der Harnblase	Fundus vesicae
1/5	Harnleiteröffnungen	Ostia ureterum
2	Harnleiter	Ureter
3	Mastdarm	Rectum (Rektum)
4	Bauchfellraum zwischen Mastdarm und Harnblase	Excavatio rectovesicalis
5/1	innere Harnröhrenöffnung	Ostium urethrae internum
5/2	Vorsteherdrüsenabschnitt der Harnröhre	Pars prostatica urethrae
5/3	Beckenbodenabschnitt der Harnröhre	Pars membranacea urethrae
5/4	Schwellkörperabschnitt der Harnröhre	Pars spongiosa urethrae
5/5	äußere Harnröhrenöffnung	Ostium urethrae externum
5/6	Samenhügel	Colliculus seminalis
6	Vorsteherdrüse	Prostata
7	Bläschendrüse	Glandula vesiculosa
7/1	Spritzkanal	Ductus ejaculatorius
8	männliches Glied	Penis
8/1	paarige Penisschwellkörper	Corpora cavernosa penis
8/2	Eichel des Penis	Glans penis
9	Cowpersche Drüse	Glandula bulbourethralis
10	Hoden	Testis
10/1	Hodenläppchen	Lobuli testis
11	Hodensack	Scrotum
12	Nebenhoden	Epididymis

Nr.	deutsche Bezeichnung	Fachbezeichnung
13	Samenstrang	Funiculus spermaticus
13/1	Samenleiter/ Samenstrangabschnitt	Ductus deferens/ Pars funiculi spermatici

Seite 102	Weibliche Genitalorgane

Abb. 11/12: Weibliche Genitalorgane
Abb. 13: Gebärmutter und Anhänge (Uterus et Adnexe)

Nr.	deutsche Bezeichnung	Fachbezeichnung
1	Gebärmutter	Uterus
1/1	Gebärmuttergrund	Fundus uteri
1/2	Gebärmutterkörper	Corpus uteri
1/3	Gebärmutterenge/ innerer Muttermund	Isthmus uteri/ Ostium internum uteri
1/4	Gebärmutterhals	Cervix uteri
1/5	Vorwölbung des Gebärmutter-halses in die Scheide	Portio vaginalis
1/6	Gebärmutterhöhle	Cavitas uteri
1/7	Gebärmutterhalskanal	Canalis cervicis uteri
1/8	äußerer Muttermund	Ostium externum uteri
1/9	Gebärmutterschleimhaut	Endometrium
1/10	Gebärmuttermuskulatur	Myometrium
1/11	Außenschicht der Gebärmutter	Perimetrium
2	Eileiter	Tuba uterina
2/1	Fransen/Fimbrien	Fimbriae tubae uterinae
2/2	Tubentrichter	Infundibulum tubae uterinae
2/3	Ampulle des Eileiters	Ampulla tubae uterinae
2/4	Eileiterenge	Isthmus tubae uterinae
2/5	Gebärmutterabschnitt des Eileiters/ Öffnung des Eileiters in die Gebärmutterhöhle	Pars uterina tubae/ Ostium uterinum tubae
3	Eierstock	Ovarium
4	Scheide	Vagina

Urogenitalsystem

Nr.	deutsche Bezeichnung	Fachbezeichnung
5	Harnblase	Vesica urinaria
6	weibliche Harnröhre	Urethra feminina
7	Mastdarm	Rectum (Rektum)
8	Einsenkung des Bauchfells zwischen Gebärmutter u. Harnblase	Excavatio vesicouterina
9	Einsenkung des Bauchfells zwischen Mastdarm u. Gebärmutter	Excavatio rectouterina/ Douglas-Raum
10	Kitzler	Clitoris
11	kleine Schamlippen	Labia minora pudendi
12	große Schamlippen	Labia majora pudendi
13/1	breites Mutterband	Ligamentum latum
13/2	Eileitergekröse	Mesosalpinx
13/3	rundes Mutterband	Ligamentum teres uteri
14	Eierstockarterie/Eierstockvenen	A. ovarica/Vv. ovaricae

Seite 104	**Rückenmark** (Gliederung, Bau und Lage)

Abb. 1: Nervensystem im Überblick
Abb. 2: Rückenmark im Querschnitt
Abb. 3: Hüllen des Rückenmarks im Wirbelkanal

Nr.	deutsche Bezeichnung	Fachbezeichnung
1	Großhirn	Telencephalon
2	Kleinhirn	Cerebellum
3	Rückenmark	Medulla spinalis
4	Rückenmarkschweif	Cauda equina
5	weiße Substanz	Substantia alba
5/1	vordere mittlere Rückenmarkspalte	Fissura mediana anterior
5/2	hintere mittlere Rückenmarkfurche	Sulcus medianus posterior
6	graue Substanz	Substantia grisea
6/1	Vordersäule/Vorderhorn	Columna anterior/Cornu anterius
6/2	Seitensäule/Seitenhorn	Columna lateralis/Cornu laterale
6/3	Hintersäule/Hinterhorn	Columna posterior/Cornu posterius
7	Rückenmarksnerv	N. spinalis
7/1	vordere Wurzel	Radix anterior (motoria)
7/2	hintere Wurzel	Radix posterior (sensoria)
7/3	Spinalganglion	Ganglion spinale (sensorium)
7/4	vorderer Ast	Ramus anterior
7/5	hinterer Ast	Ramus posterior
8/1	weiche Rückenmarkshaut	Pia mater spinalis
8/2	Spinnwebenhaut	Arachnoidea encephali
8/3	Subarachnoidalraum	Spatium subarachnoideum
8/4	harte Rückenmarkshaut (*inneres Blatt*)	Dura mater spinalis
8/5	Epiduralraum	Spatium epidurale
9	Nervenknoten des Grenzstranges des Sympathikus	Ganglion des Truncus sympathicus
10	Verbindungsast zwischen den Nervenknoten	Ramus interganglionaris

Nervensystem

Seite 106	**Gehirn** (Abschnitte und Zentren)

Abb. 4: Gehirnabschnitte
Abb. 5: Gehirn (Encephalon) von oben
Abb. 6: Zentren im Großhirn (Telencephalon)

Nr.	deutsche Bezeichnung	Fachbezeichnung
1	Großhirn	Telencephalon
2/1	Sehhügel	Thalamus
2/2	Hypothalamus/ unterer Teil des Zwischenhirns	Hypothalamus
2/3	Hirnanhangsdrüse	Hypophyse
3	Mittelhirn	Mesencephalon
4/1	verlängertes Mark	Medulla oblongata
4/2	Brücke	Pons
4/3	Kleinhirn	Cerebellum
5	Rückenmark	Medulla spinalis
6	Balken	Corpus callosum
7	Längsfurche des Gehirns	Fissura longitudinalis cerebralis
8	rechte Hirnhälfte	rechte Hemisphäre
9	linke Hirnhälfte	linke Hemisphäre
10	Stirnlappen	Lobus frontalis
10/1	vordere Zentralwindung	Gyrus praecentralis
10/2	Zentralfurche	Sulcus centralis
10/3	Motorisches Schreib- und Lesezentrum	Motorisches Schreib- und Lesezentrum
10/4	Motorisches Sprachzentrum nach Broca	Motorisches Sprachzentrum nach Broca
11	Scheitellappen	Lobus parietalis
11/1	hintere Zentralwindung	Gyrus postcentralis
12	Hinterhauptlappen	Lobus occipitalis
12/1	Sehzentrum	Sehzentrum
12/2	Optisches Schreib- und Lesezentrum	Optisches Schreib- und Lesezentrum
13	Schläfenlappen	Lobus temporalis
13/1	Hörzentrum nach Heschl und Wernicke	Hörzentrum nach Heschl und Wernicke

Seite 108	Hirnbasis mit Hirnnerven

Abb. 7: Hirnbasis mit Hirnnerven (Basis cranii externa mit Nn. craniales)
Abb. 8: Hirnventrikel (Ventriculi encephali)
Abb. 9: Hirnhäute (Meninges)

Nr.	deutsche Bezeichnung	Fachbezeichnung
1	Hirnnerven	Nn. craniales
2/1	verlängertes Mark	Medulla oblongata
2/2	Brücke	Pons
3	Kleinhirn	Cerebellum
4	Schläfenlappen	Lobus temporalis
5	Stirnlappen	Lobus frontalis
6/1	Augapfel	Bulbus oculi
6/2	Sehnervenkreuzung	Chiasma opticum
7/1	Seitenventrikel (1 und 2)	Ventriculus lateralis (1 et 2)
7/2	Zwischenkammerloch	Foramen interventriculare/ *Foramen Monroi*
7/3	3. Ventrikel	Ventriculus tertius
7/4	Verbindung zwischen 3. und 4. Hirnventrikel/ Sylvische Wasserleitung	Aquaeductus mesencephali
7/5	4. Ventrikel	Ventriculus quartus
7/6	Subarachnoidalraum	Spatium subarachnoideum
8	knöchernes Schädeldach	Calvaria
8/1	Knochenhaut	Periost
9	harte Hirnhaut	Dura mater
10	Spinnwebenhaut des Schädels	Arachnoidea mater cranialis
11	weiche Hirnhaut	Pia mater cranialis
12	Großhirnrinde	Cortex cerebralis

Erläuterungen

Foramen interventriculare Monroi

Verbindung zwischen 3. Hirnventrikel und den Seitenventrikeln, benannt nach dem Anatomen Alexander Monro aus Edinburgh, (1733 – 1817).

Nervensystem

Seite 110	Sensible und motorische Leitungsbahnen

Abb. 10: Aufsteigende Nervenbahnen (Afferente Nervenbahnen)
Abb. 11: Absteigende Nervenbahnen (Efferente Nervenbahnen)

Nr.	deutsche Bezeichnung	Fachbezeichnung
1	vordere Zentralwindung	Gyrus praecentralis
2	innere Kapsel der Großhirnhälfte	Capsula interna
3	Pyramidenzelle und Fortsätze in der Großhirnhälfte/ zentrales, efferentes Neuron	Pyramidenzelle und Fortsätze in der Großhirnhälfte/ zentrales, efferentes Neuron
4	Pyramidenbahnkreuzung	Decussatio pyramidum
5	Teil der Pyramidenbahn bis zu den motorischen Hirnnervenkernen	Tractus corticonuclearis
6	Pyramidenbahn	Tractus cortispinalis/ Fasciculus pyramidalis
7	motorische Vordersäule/ Vorderhorn	Columna anterior/ Cornu anterius
8	peripheres motorisches Neuron	Teleneuron
9	Skelettmuskel	Skelettmuskel
10	motorischer Hirnnervenkern	motorischer Hirnnervenkern
11	hintere Zentralwindung	Gyrus postcentralis
12	sensible Hintersäule/Hinterhorn	Columna posterior/ Cornu posterius
13	sensibles Kopfganglion	sensibles Kopfganglion
14	Kleinhirn	Cerebellum
15	Hautsinneszellen	Hautsinneszellen
16	1. sensibles Neuron	1. sensibles Neuron
17	2. sensibles Neuron	2. sensibles Neuron
18	3. sensibles Neuron	3. sensibles Neuron
19	Sehhügel	Thalamus

Seite 112	Rückenmarksegmente und Nerven

Abb. 12–17: Peripheres Nervensystem

Nr.	deutsche Bezeichnung	Fachbezeichnung
1	Halsnervengeflecht	Plexus cervicalis
2	Armnervengeflecht	Plexus brachialis
2/1	Ellennerv	N. ulnaris
2/2	Mittelnerv	N. medianus
2/3	Speichennerv	N. radialis
3	Brustnerven	Nn. thoracici
4	Lendengeflecht	Plexus lumbalis
4/1	Oberschenkelnerv	N. femoralis
5	Kreuzbeingeflecht	Plexus sacralis
5/1	Ischiasnerv	N. ischiadicus

Sinnesorgane

Seite 114	Sehorgan

Abb. 1/2: Auge (Bulbus oculi)
Abb. 3: Netzhaut (Retina)
Abb. 4: Augenhintergrund (Fundus oculi)
Abb. 5/6: Schutz- und Hilfseinrichtungen

Nr.	deutsche Bezeichnung	Fachbezeichnung
1	Hornhaut	Cornea
2	Lederhaut	Sclera
3	Aderhaut	Choroidea
4	Ziliarkörper/Strahlenkörper	Corpus ciliare
5	Regenbogenhaut	Iris
6	Netzhaut	Retina
6/1	Pigmentepithel	Pigmentepithel
6/2	Stäbchen und Zapfen	Photorezeptoren
6/3	Nervenzellen	Ganglienzelle
7	Augenkammern	Camera anterior et posterior
8	Pupille	Pupilla
9	Linse	Lens
10	Glaskörper	Corpus vitreum
11	Zentralgrube	Fovea centralis
12	blinder Fleck	Discus nervi optici
12/1	gelber Fleck	Macula lutea
12/2	Blutgefäße der Netzhaut	Blutgefäße der Retina
13	Sehnerv	N. opticus
14	Oberlid	Palpebra superior
15	Unterlid	Palpebra inferior
16	Wimpern	Ciliae
17	Moll-Drüsen	Glandulae ciliares
18	Meibom-Drüsen	Glandulae tarsales
19	Bindehaut	Conjunctiva
20	Muskeln des Augapfels	Mm. bulbi
21/1	Tränendrüse	Glandula lacrimalis
21/2	Tränenpunkte	Tränenpunkte

Nr.	deutsche Bezeichnung	Fachbezeichnung
21/3	Tränenkanälchen	Canaliculi lacrimales
21/4	Tränensack	Saccus lacrimalis
21/5	Tränen-Nasengang	Ductus nasolacrimalis

ERLÄUTERUNGEN

Discus nervi optici

Auch Papilla nervi optici, Sehnervenpapille, blinder Fleck; Austrittstelle der Sehnervenfasern aus der Netzhaut und dem Bulbus oculi.

Macula lutea

Der gelbe Fleck der Netzhaut des Auges. Er liegt ca. 4 mm temporal von der Papille und enthält die Fovea centralis der Retina.

Fovea centralis

Die vertiefte zentrale Stelle des gelben Flecks. Es ist der Ort des schärfsten Sehens (des Auftreffens der gedachten, geometrischen Konstruktionslinie der optischen Achse). Er enthält nur Zapfen, keine Stäbchen.

Seite 116 | **Hörorgan**

Abb. 7: Ohr (Organum vestibulocochleare) im Längsschnitt

Abb. 8: Mittel- und Innenohr (Auris media et interna)

Abb. 9/10: Schnecke (Cochlea)

Nr.	deutsche Bezeichnung	Fachbezeichnung
1	Ohrmuschel	Auricula
2	äußerer Gehörgang	Meatus acusticus externus
3	Trommelfell	Membrana tympani
4	Paukenhöhle	Cavum tympani
5	Gehörknöchelchen	Ossicula auditus
5/1	Hammer/Gehörknöchelchen in der Paukenhöhle	Malleus
5/2	Amboß/Gehörknöchelchen	Incus
5/3	Steigbügel/Gehörknöchelchen	Stapes
6	Ohrtrompete	Tuba auditiva

Nr.	deutsche Bezeichnung	Fachbezeichnung
7	Bogengänge	Canales semicirculares
8	Schnecke	Cochlea
8/1	Vorhoftreppe	Scala vestibuli
8/2	Reissner Membran	Membrana vestibularis
8/3	häutiger Schneckengang	Ductus cochlearis
8/4	Basilarmembran	Membrana basilaris
8/5	Paukentreppe	Scala tympani
8/6	Gehörsinneszellen	Gehörsinneszellen
8/7	Hörnerv	N. cochlearis
8/8	Tektorialmembran	Membrana tectoria
9	knöcherne Labyrinthkapsel	Labyrinthus osseus

Erläuterungen

Labyrinth

(griech. Irrgang) Innenohr; in der Felsenbeinpyramide gelegenes Gehör- und Gleichgewichtsorgan. Es besteht aus der knöchernen Labyrinthkapsel (Labyrinthus osseus), die vom häutigen Labyrinth (Labyrinthus membranaceus) ausgekleidet wird. Beide sind durch einen Perilymphe enthaltenden Spaltraum getrennt.

Seite 118	Haut und Anhangsgebilde

Abb. 1/2: Äußere Haut
Abb. 3: Weibliche Brustdrüse (Mamma)

Nr.	deutsche Bezeichnung	Fachbezeichnung
1	Oberhaut	Epidermis
2	Lederhaut	Dermis/Corium
3	Unterhaut	Tela subcutanea/Subkutis
4	Hornschicht	Stratum corneum
5	Basalschicht	Stratum basale
6	Papillarschicht	Stratum papillare
7	Hautblutgefäße	Hautblutgefäße
8	freie Nervenendigungen	freie Nervenendigungen
9	Meissner-Tastkörperchen	Meissner-Tastkörperchen
10	Vater-Pacini Lamellenkörperchen	Vater-Pacini Lamellenkörperchen
11	Ruffini-Körperchen	Ruffini-Körperchen
12	Unterhautfettgewebe	subcutanes Fettgewebe
13	Haarzwiebel	Bulbus pili
14	Haar	Pilus
15	Haarbalgmuskel	M. arrector pili
16	Talgdrüse	Glandula sebacea
17	Schweißdrüse	Glandula sudorifera
18/1	Einzeldrüse	Einzeldrüse
18/2	Milchgänge	Ductus lactiferi
18/3	Milchsäckchen	Lobuli glandulae mammariae
19	Brustwarze	Papilla mamae/Mamilla
20	Warzenhof	Areola mammae
21	großer Brustmuskel	M. pectoralis major

Erläuterungen

Meissner-Tastkörperchen

Sind Druckrezeptoren in den Papillen der Lederhaut, mit denen je 3 – 5 markhaltige Nervenfasern verbunden sind.

Vater-Pacini-Lamellenkörperchen
Sind große lamelllöse Endkörperchen von Nervenfasern in der Unterhaut für die Wahrnehmung von Vibrationen.

Ruffini-Körperchen
Sind Nervenendkörperchen im subkutanen Gewebe. Sie dienen der Druckempfindung.

Literaturhinweise

Bardl, Mathias — Biologie • Anatomie • Physiologie
Prüfungswissen in Frage und Antwort
Lau-Ausbildungssystem GmbH
Verlag für Medizin und Technik, Reinbek
1. Auflage

Benninghoff — Anatomie
Urban & Schwarzenberg, München
15. Auflage

Pschyrembel — Klinisches Wörterbuch
de Gruyter, Berlin
CD - ROM 258. Auflage, Version 1

Schiebler — Anatomie
Springer Verlag, Berlin, Heidelberg
7. Auflage